U0378804

家庭でできる

身のまわりの化学物質から家族を守る方法

保护家人
避免化学物质的伤害

[日]坂部贡／著

郝彤彤／译

北京时代华文书局

前言

用正确的方法对待身边的有害化学物质

我想你一定知道那些危害较大的化学物质，如汽车尾气、工厂废水等，但你是否了解我们日常生活中的有害化学物质呢？

我们的生活被各种各样的人工合成化学物质围绕。这些物质在给我们的生活带来便利的同时，也聚集在生活中我们看不到的地方，伤害着我们的身体。

比如很多家具和家电使用的黏合剂，也许我们不会主动去接触它，但当室内温度升高时，黏合剂就会挥发到空气之中；公园里、小路两旁的大树上，都喷洒了防虫的农药；我们日常使用的化妆品、染发剂、洗衣液中也包含各种有害的化学物质；还有孩子们使用的文具、报纸杂志、电脑、复印机等，都在暗暗地释放着有害化学物质。

那么，我们吃进肚子的食物又含有什么有害化学物质呢？现在有越来越多的人意识到食品添加剂的危害，但却鲜有人能注意到食品容器和包装中的化学物质，而这些有害的化学物质可能随着烹调食物悄无声息地进入我们的身体。

现代的便利生活得益于不断发展的科学技术，因此我们的生活无法彻底离开这些有害的化学物质。但是，如果我们了解如何选择、使用日用品的正确方法和习惯，就可以尽量减少这些物质对我们的影响。

本书中介绍了如何远离日常生活中对人体健康有危害的化学物质，以及如何尽量帮助身体将体内的有害物质排出。希望本书能帮助你和你的家人过上安心、健康、幸福的生活。

日本东海大学副校长、医学院院长

坂部贡

目 录

第一章 我们的生活与化学物质

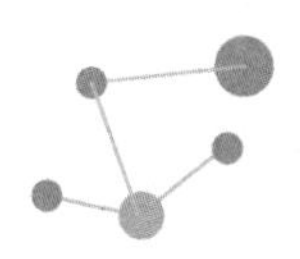

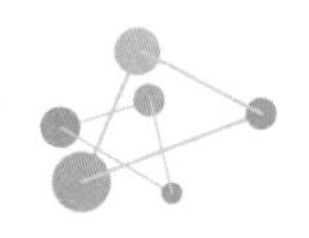

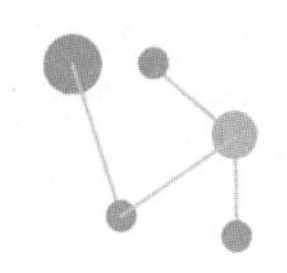

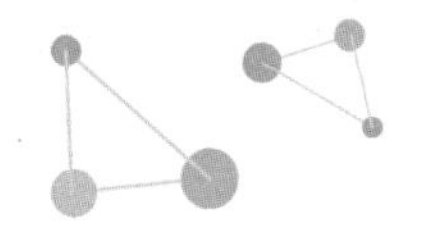

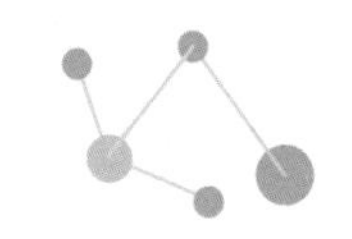

第三章 排出化学物质的好习惯

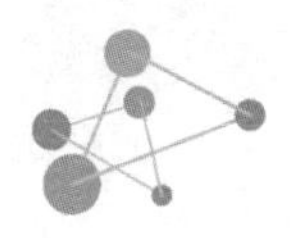

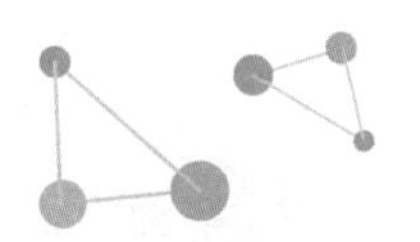

我们的生活与化学物质

第一章

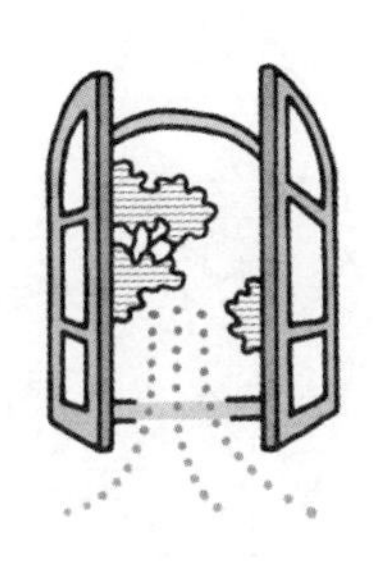

室内的化学物质/病态建筑综合征/公寓高层的注意事项/室外的化学物质/自来水与三氯甲烷/办公室与商店的化学物质/对孩子的影响/在公园及绿地的注意事项/食品添加剂与饮食生活/做扫除与化学物质/你需要知道的“化学物质过敏症”

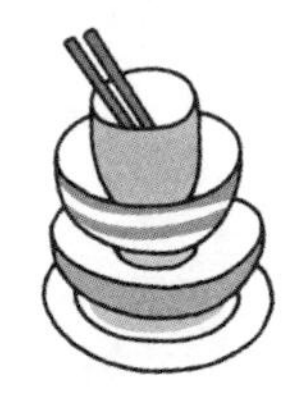

学习应对有害化学物质的方法

日常生活中的化学物质

室内的化学物质

从室外带进室内的化学物质

我们居住的房间内充斥着多种化学物质，其中既有比室外浓度还高的物质，也有只存在于室内的物质。

室内的建材，如：地板和墙壁所使用化学物质的剂量，需要符合建筑标准法和日本厚生劳动省（日本负责医疗卫生和社会保障的主要部门）制定的预防建筑综合征方针，但家具和家电并不在这些法律限制内。虽然现有一些制造标准规范及进口的规章制度，不过实际上还是由制造厂商自行制造。同时，也有很多化学物质是被人们从室外带进室内的。

需要注意的是使用三合板和塑料的制品。三合板中的黏合剂会释放一种叫作甲醛的物质。此外，一些经过抗菌加工、防螨虫加工、难燃性加工的制品和塑料制品也会挥发化学物质。窗帘、地毯、厨房毯、衣物的防皱、防虫用品、塑料餐具和玩具、合成

客厅也有化学物质？！

皮革沙发和椅子等都会散发化学物质。

熨斗、冰箱等家电在通电后也会挥发化学物质或散发臭气。

病态建筑综合征[1]

公布新标准

室内建材、家具、家电等挥发出的化学物质是导致病态建筑综合征的主要原因。20世纪20年代，病态建筑综合征一度成为重大社会问题，当时的日本厚生劳动省针对那些主要诱发病症的物质制定了浓度基准值（对人体健康终生都不会产生影响的标准值）。为此，甲醛的使用得到了限制。病态建筑综合征简单来说，就是“室内空气污染”。

近年来，出现了可以导致病态建筑综合征的新物质，于是2019年1月，日本公开发布了新的基准值。

[1] 俗称“空调病”，专指在一个封闭的办公环境里产生的困倦、头晕、胸闷等不适症状。

导致病态建筑综合征的化学物质的室内浓度基准值

挥发性有机物	室内浓度基准值（室温25℃时）[1]
甲醛	100 μg/m^3（0.08ppm）
乙醛	48 μg/m^3（0.03ppm）
甲苯	260 μg/m^3（0.07ppm）
二甲苯	200 μg/m^3（0.05ppm）
乙苯	3800 μg/m^3（0.88ppm）
苯乙烯	220 μg/m^3（0.05ppm）
二氯苯	240 μg/m^3（0.04ppm）
十四烷	330 μg/m^3（0.04ppm）
氯吡硫磷	1 μg/m^3（0.07ppb）
	（有幼儿的场所） 0.1 μg/m^3（0.007ppb）
仲丁威	33 μg/m^3（3.8ppb）
二嗪农	0.29 μg/m^3（0.02ppm）
邻苯二甲酸二丁酯	17 μg/m^3（1.5ppb）
邻苯二甲酸二乙酯	100 μg/m^3（6.3ppm）
总挥发性有机物（TVOC）	400 μg/m^3（暂定目标值）[2]

[1] μg/m^3是指1立方米中所含多少微克。1μg是一百万分之一g。“ppm”“ppb”是显示1升空气中含量的容积比率。1ppm=100万分之一，1ppb=十亿分之一。

[2] 挥发性有机物以及室内浓度基准值可能发生变更。

摘自：日本厚生劳动省《建筑物症候群对策 / 室内浓度基准值一览》

公寓高层住户的注意事项

通风、防霉、防螨至关重要

在居住方面，首先需要注意的是公寓高层的住户。人们住得越高，风力越强，开窗次数就会随之减少。关窗后，就无法听到小鸟的歌声和昆虫的鸣叫声，可能会导致住户产生心理问题。

此外，不勤开窗更容易让家里滋生霉菌和螨虫。而这些物质又是导致过敏性疾病和病态建筑综合征的元凶之一，目前因此生病的患者数在逐渐增多。

然而有一些公寓气密性较高，在室内安装了号称和开窗有相同功效的24小时工作的换气扇，但事实上这种换气扇很难将室内的化学物质排出室外。因此，住高层的用户不要过度依赖换气扇，一定要勤开窗通风。

调查显示，住高层的女性更感觉患有疲惫、不安等神经类疾病特征。患有类似症状的4层以下住户占6.6%，而5层以上住户占

10.4%。也有很多人出现了耳鸣、晕眩、失眠、关节痛、腰痛等症状。

同时，有人指出高层对孩子的影响。有调查显示，近年来体温较低的孩子数量正在增加。在高层公寓中，相对于住在1～2层的体温较低的孩子数量占调查总数的20%以上；居住在10层以上的体温较低的孩子数量有增加的倾向，占调查总数的30%以上。

高层住户到室外玩耍运动的机会较少，可能这也是原因之一。如果一直不出门，那么就会在家不断吸收有害物质，引发过敏性疾病或病态建筑综合征的概率增大。因此，高层住户一定记得要经常开窗通风，彻底进行防霉、除螨工作。

室外的化学物质

令人忧虑的污染

大气中也充满了有害化学物质。其中最具代表性的就是汽车尾气。汽车尾气的主要成分是：一氧化碳、碳氢化合物、氮氧化物、固体悬浮颗粒、二氧化碳等。当交通流量大或是堵车时，尾气就会达到空气污染的级别。

人们认识到大气污染的严重性，日本于1992年制定了严格的法律来限制汽车尾气。同时随着科技进步，氮氧化物（NO_x），固体悬浮颗粒物（PM）的排出量比颁布法律前减少了90%以上。

但是，汽车尾气中的污染物质还是不可能变成0。于是现在全世界都在开发研制油电混合动力车和纯电动车。

工厂、轮船、飞机等排出的尾气中含有氧化硫、煤烟、镉、氯气、粉尘等。每年3—5月时大气中会含有高浓度的PM2.5，这些是粒子非常小的大气污染物质，会对呼吸系统和健康造成影响。

目前大气污染还在持续中……

污染也波及土壤、河流、海洋等。拆除的建筑物中的废弃建材会流出金属类物质；工厂废弃物中的有害物质会聚集起来污染土壤；工厂废水、农药、合成洗涤剂的家用废水等会污染河流和海洋。

检查生活环境

在交通流量大、拥堵严重的道路附近，尾气导致的污染程度可能更高。

汽车尾气容易在汽车停滞的地方聚集；虽然近年来柴油车加上了改良装置，但其尾气中仍然包含可诱发哮喘的主要物质；卡车、货车等通行较多的道路附近污染更为严重。

在农田或高尔夫球场附近，遍布着农药和消毒水。这些成分会随着风扩散到周边地区。在室外晾着的衣服就可能沾上农药，随后被带进室内。公园和植物较多的地区也是同样情况。

在自家花园和家庭菜园中使用的杀虫剂、除草剂的用量虽少，但其化学成分和那些农药没有区别。

公共场所会使用杀虫剂来驱赶害虫、老鼠等，但很多地方的空调或换气系统不好，会提高污染风险。

自来水与三氯甲烷

最好使用净水器和矿泉水

人们经常认为地下水是很卫生的，但其实从很久以前开始，地下水中就包含叫作新烟碱的有害化学物质。很遗憾，全日本的土地无一例外。

但是，我们不要忘记日本是全世界平均寿命最长的国家。我们没办法通过实验去检测污染的地下水对人体的影响，因此也没必要对此反应过度。

不过，自来水在消毒过程中可能会残留三氯甲烷。河流等天然水中的有机物与消毒时使用的氯气发生化学反应就会生成三氯甲烷。

三氯甲烷是烃的衍生物，有致癌性。

即便是被认为满足水质标准、不会对健康产生影响的水中也会出现三氯甲烷，而人摄取极微量的三氯甲烷都会对健康产生危害。

最好的办法是使用净水器过滤饮用水和做饭用水，或是饮用矿泉水。使用净水器时也要记得定期更换滤芯。

将水煮沸可以减少三氯甲烷。有研究报告显示，水煮沸后，继续用小火加热几分钟，即可除去90%以上的三氯甲烷。

不过在水沸腾时三氯甲烷会挥发，所以一定要记得使用换气扇。

办公室与商店的化学物质

电磁波影响的可能性

办公室或商店的空气中也存在有害化学物质。

和病态建筑综合征的成因一样，地毯、壁纸、蜡、涂料、黏合剂等都会释放有害化学物质。虽然被认为是病态建筑综合征元凶的甲醛已经被限制使用了，但其他问题化学物质却接二连三地被检测出来。

办公室的电脑、平板电脑、复印机，商店结账用的机器等一通电，机体就会升温。此时磷脂酸等物质以及平时用于杀菌除臭的臭氧都会释放到空气中。

另外当我们使用电器时，会产生电磁波。笔记本电脑的键盘下方安装着电脑的CPU（中央处理器），在那里会出现高频电磁波。平板电脑和智能手机也会产生高频电磁波。

现在还不清楚这种电磁波会对人体造成怎样具体的危害，但

化学物质也会从电器中释放……

有猜想认为会影响生殖器、孕妇生产、老化、循环系统、神经系统，造成免疫力低下等。

对孩子的影响

孩子比大人更易接触化学物质

孩子比大人个子低很多，更容易接触到有害的化学物质。

很多有害化学物质都比空气重，因此离地板越近，有害物质浓度越高。另外，体温会导致身体周围的气流上升，于是有害化学物质就会从浓度较高的脚边上升到头部，最终被吸入体内。

除此之外，如果比较1kg体重1日的呼吸量，那么孩子吸入的空气是大人的两倍以上。因此孩子比大人更快到达“临界值（身体容许有害物质的极限）”。

近年来，越来越多的孩子出现头痛、拉肚子、呕吐、暴躁等症状。此外有调查显示，越来越多的孩子学习能力低下、无法集中精力、无法冷静、有暴力倾向。也许这些症状都与有害化学物质有关。

还有越来越多的孩子出现视力低下问题，而其诱因也可能与有害有机物相关。

我们无法彻底避开生活中的有害化学物质，但只要去实践本书第二部分介绍的方法，一定能减轻这些有害化学物质对我们生活的影响。

在公园及绿地的注意事项

除草剂、杀虫剂、涂料的影响

孩子们经常在公园或绿地玩耍，需要注意的是在草坪、花坛中有很多除草剂、杀虫剂。杀虫剂会影响神经递质和大脑发育。

环境省在2008年发布了《公园、沿街树等病害虫、杂草管理手册》。此后，公园和沿街树木以及公共设施中的植物和一般绿地严格遵守手册规定，很多自治团体都不再使用洗涤剂或农药。每个自治体都有不同的处理办法，最好还是去咨询当地的具体措施。

不过这个手册并不是完全禁止人们使用农药，而是说尽量不用或者适量使用。一般是在无风或者微风时喷洒农药，但其实就算感觉不到风时，空气也是流动的，因此对于某些敏感的人来说还是很难受。

孩子们最喜欢的那些游乐设施也需要留意。单杠、秋千、滑梯等设施使用的老旧涂料中可能含有铅。铅会影响人的神经系统，还在生长发育的孩子最好不要接触到铅。有一些老化的涂料会变成小粉末夹杂在土里面，孩子可能会不小心吸入或者沾到手上后舔掉。

目前全世界都在努力开发研究新品，联合国环境署和世界卫生组织领导的消除含铅涂料全球联盟为所有政府制定目标，到2020年全面禁止使用和生产含铅涂料。

如果你发现住所附近的公园或绿地中一些游乐设施的老旧涂料裂开，最好联系当地的负责机构，尽早采取措施。

食品添加剂与饮食生活

食品添加剂的“现实”

吃进肚子里的有害化学物质中，最主要的就是食品添加剂。

日本的粮食自给率在逐年下降，2017年度只有大约38%。85%的小麦都依靠进口。

进口的粮食可能残留了收成后添加的杀菌剂或防霉剂等农药成分，而这种农药在日本是禁止使用的。但这种施加了农药的粮食却还是充斥着日本市场，原因是这种进口商品含有的农药不被当成农药，而被当成“食品添加剂”。

现代社会中，一人居住或夫妻都上班的情况越来越多，于是人们对加工食品或半熟食品的需求日益增加，而厂商为了延长这些食品的保质期，使其看起来更诱人，在食品中添加了各种食品添加剂。

确认有机JAS标志[1]

进口农产品或转基因食品中也有很多食品添加剂。虽然这些食品的外包装上写着天然食品等，但其实都含有人工化学物质。

带有“有机JAS标志”的农作物表示这是不依赖农药或化学肥料成长的食物（有机农产品），但并不是代表全部有机农产品完全不用农药。使用了农林水产省制定的安全性很高的农药和无机肥料的农产品，也可以被认定为有机农产品。

[1] 基于日本农业标准的有机产品认证。

要尽量避开的食品添加剂

<table>
<tr><th>食品添加剂名称</th><th>成分表示例</th></tr>
<tr><td>山梨酸</td><td rowspan="2">防腐剂（山梨酸）、防腐剂（山梨酸钾）</td></tr>
<tr><td>山梨酸钾</td></tr>
<tr><td>对羟基苯甲酸</td><td>防腐剂（对羟基苯甲酸丁基、乙基、丙酮）</td></tr>
<tr><td>红色106号</td><td rowspan="3">染色剂（红106色）、染色剂（红2号）、染色剂（酰亚胺或胭脂酸）</td></tr>
<tr><td>红色2号</td></tr>
<tr><td>琥珀酰亚胺</td></tr>
<tr><td>糖精</td><td rowspan="2">甜味剂（糖精）、甜味剂（糖精钠）</td></tr>
<tr><td>糖精钠</td></tr>
<tr><td>阿斯巴甜</td><td rowspan="2">甜味剂（阿斯巴甜）、甜味剂（安赛蜜）</td></tr>
<tr><td>乙酰戊钾</td></tr>
<tr><td>丁基羟基茴香醚</td><td>抗氧化剂（BHA）</td></tr>
<tr><td>亚硝酸钠</td><td rowspan="2">显色剂（亚硝酸钠）、显色剂（硝酸钾）</td></tr>
<tr><td>硝酸钾</td></tr>
<tr><td>丙二醇</td><td>丙二醇（PG）</td></tr>
<tr><td>磷酸盐</td><td>多磷酸钠、焦磷酸钠、偏磷酸钠</td></tr>
</table>

摘自：《在家就能完成：让孩子远离食品添加剂和农药的方法》（[日]增尾清）

一年摄取2～3kg？！

食品添加剂有一日最大摄取量的标准数值（A-D）。人的一生每天都摄取这个数值的食品添加剂不会对健康产生影响。也就是说，同样是食品添加剂，摄取量的不同可以对身体造成伤害或不造成影响。每种食品的添加剂含量虽然很少，但人们总是喜欢吃某几种食品或摄入相同的添加剂。现在人们尚不清楚多种添加剂混合摄入会产生什么影响，因此虽然有A-D值，也不代表100%安全。

现在我们每年都会摄入2～3kg的食品添加剂。食品添加剂的市场逐年扩大，有报告显示人们今后可能会摄入更多的食品添加剂。

家畜的饲料中含有抗生物质和激素，而这些物质有可能残留在肉类之中。

做扫除与化学物质

当心洗涤剂、海绵和垃圾桶

合成洗涤剂中含有表面活性剂，会伤害手部皮肤，因此最好用无添加香皂或碳酸氢钠来做卫生。

你可能用过抗菌海绵，但其实抗菌加工剂会把皮肤表面的有益菌也杀掉。

使用魔力擦海绵时也需要留意。尤其是在学校等地方，孩子们可能不戴手套直接使用。在不得不使用时一定记得戴手套。

使用吸尘器时也需要注意。现在很多产品都给存放垃圾的过滤装置加上除臭、抗菌、防螨等功能，在使用时一定要勤通风。

如果不是特别需要，最好不要使用含有机溶剂、香料等有害物质的玻璃水。

很多学校在做扫除时不用玻璃水，而是用报纸来擦玻璃。虽然这个办法能让玻璃很干净，但玻璃上会留下墨水中的有机溶剂，因此这种方式也不是最好的。

其实最好的方式就是用清水来擦玻璃。把抹布弄湿，擦去玻璃表面的脏东西，再用擦玻璃专用的布（橡胶制）来吸水，最后再用干抹布快速擦一遍，玻璃就会变得很干净。

此外，学校中有大量的垃圾桶。大部分垃圾桶都是塑料的，含有有机磷溶液和内分泌干扰物质（环境激素）等。如果孩子出现这些物质诱发的疾病症状，一定要联系校方。

你需要知道的“化学物质过敏症”

女性或过敏体质的人更易发病

在我们的生活中，有害化学物质无处不在，并且悄无声息地进入我们的身体，引发我们身体的一些不适症状，这就是“化学物质过敏症”。

美国得克萨斯州的环境健康中心报告显示，化学物质过敏症患者中，女性比男性更多。

其中一个原因是，女性做家务的时间更长，因此暴露在有害物质中的时间也相对较多。此外，生育过孩子的女性对环境变化会更加敏感。

在母体内胎儿已经可以受到化学物质的影响了。人类大脑从在胎儿期到新生儿阶段开始形成。胎儿时期孩子通过脐带，新生儿期通过母乳和空气吸收进化学物质。因此进入母亲体内的化学物质会影响到孩子的健康。

此外，过敏体质的人更容易出现化学物质过敏症。日本北里大学北里研究所医院的报告显示，化学物质过敏症患者中近70%的人都患有眼、鼻、皮肤、呼吸器官等过敏性疾病，而且过敏性疾病与化学物质过敏症有着十分紧密的联系。

此外，长期处于高压状态的人会出现抵抗力和免疫力低下等情况，更容易患化学物质过敏症。

任何人都可能患病

虽然目前还处于研究阶段中，但人们推测这种病和基因有关。

就好像有人很能喝酒，有人却一喝就醉。在相同环境下，有人会出现化学物质过敏症，也有人不会。人们认为，这可能与每个人身体中所含的“分解化学物质酶”有关。

不管怎么样，现在人们的生活被各种化学物质包围着，无论是谁都有可能患病。

化学物质过敏症与生活环境

容易诱发化学物质过敏症的环境和条件

一般医院诊断出的化学物质过敏症都是由生活环境导致的。每个人生活的环境决定了患病风险的高低。患病较高的环境有以下特征：

1. 工作上经常接触化学物质的人。比如，做白蚁驱虫的工作人员，使用合成洗涤剂的清洁人员，使用染发、烫发剂的理发师，接触药物处理后建材的建筑工人，使用涂料的油漆工，处理垃圾的工人，研究药物的研究人员，使用消毒液的医疗人员，使用农药的农业人员等。

2. 印刷时使用的油性墨中含有酮、乙酸乙酯等有机溶剂。印刷行业人员、在图书馆以及书店等书籍较多地方工作的人员都需要注意。

现在人们有意识并且有义务地去降低劳动者在工作过程中接

触有害物质的风险，但措施并不完善。事实上，如今的各行各业都有可能暴露在有害化学物质之中。

即使在自己家里也有风险。建材、家具等含有防腐剂、涂料、黏合剂等，并且会释放有害的化学物质，因此家里空气中的有害物质浓度很高。在重建或是重新装修的住宅或者店铺中，也会出现室内空气污染，一定要小心。经常换工作、搬新家、换家具的人最好高度注意。

对女性的影响

容易误判为更年期

有害化学物质之中尤其需要留心的是“内分泌干扰物质”。这种物质也叫“环境激素”，会对人体内激素产生不好的影响，

女性多发症状

会伤害到人体、胎儿、婴儿等。同时，环境激素也会增加子宫内膜炎、宫颈癌、乳腺癌的发病概率。法国的一项研究显示，如果怀孕中的女性频繁使用洗涤剂、杀虫剂等，生出来的男孩子会有很大概率患上一种叫作“尿道下裂”的先天性畸形。

主要的内分泌干扰物质有：多氯联苯（PCB）和有机含氯化合物（杀虫剂等），双酚A（树脂原料）、邻苯二甲酸（塑料的塑化剂）等。

某些化学物质会引起月经不调、非正常出血、月经前烦躁、尿频、排尿困难等妇科问题。化学物质过敏症经常被人误判为更年期症状。异常出汗、手脚冰凉、抑郁不安、精神萎靡、失眠等现象既可能是更年期现象，也有可能是化学物质过敏症。

化学物质过敏症的诊断

一旦确诊，立即采取措施

很多人对化学物质比较敏感，甚至闻到臭味就会过敏，这种人最好找医生进行诊断。一旦诊断出化学物质过敏症，需要第一时间采取对策。如果拖延时间，过敏反应很可能会更加严重。

其实化学物质过敏症并不是通过血液检测就能轻松得出结果的。现阶段，很难检测出到底是什么物质引发的异常。生活中存在的化学物质太多了，想锁定某种物质几乎不可能。

在问诊时，一定要准确了解患者所处的环境，才能做出更为准确的判断。比如说，是否有喝酒吸烟史、口腔治疗是否出现过问题、是否曾对某种药物过敏、是否闻到恶臭等。还有一些确认家庭环境和工作环境的问题。

必要时，需要测定室内化学物质浓度。有些健康诊所可以很轻松地测出醛类浓度，但找专业人士测浓度需要支付一定费用，最好是在高度怀疑有化学物质过敏症时再去进行检测。

问诊时会询问的问题（例）

☐是否吸烟喝酒　　☐是否在小时候出现过感染

☐是否接受过麻醉

（如果接受过麻醉）恢复知觉的过程怎么样

住所周围的环境如何

☐是否搬过家（如回答是）以前住在什么地方

搬家时的健康状态如何

☐地板是否做过白蚁驱虫　　☐家里是否安装空调

做饭时使用煤气☐　还是电☐

做饭、储存食物时用哪种容器

☐是否挑食　　☐是否使用合成洗涤剂

床垫和地毯是什么材质的

☐闻到尾气、汽油、刚干洗过的衣服、香水等是否感觉恶心

摘自：《化学物质过敏症》（［日］宫田幹夫）

◎主要症状与诊断标准

经过这些检查，就可以获得诊断结果。虽然化学物质过敏症有诸多症状，但医生是按照旧厚生省（现厚生劳动省）研究小组制定出来的基准来进行诊断的。

主要症状

1.经常头痛、头痛时间长

2.肌肉酸痛或肌肉不适

3.持续倦怠感、疲惫感

4.关节痛

5.过敏性皮炎

其他症状

1.嗓子痛

2.轻微发热

3.腹痛、拉稀、便秘

4.眩晕、眼前突然发黑、感觉眼前有雾、反应迟钝

5.精神不集中、无法思考、记忆力减退、健忘

6.易激动、精神不安定、失眠、抑郁

7.皮肤瘙痒、湿疹、异位性皮炎、皮肤炎症

8.月经过多、经期异常

9.触觉、嗅觉、味觉异常

如果有以上症状，将会继续结合瞳孔检测、眼睛调焦检测、眼球运动检测、眼睛对比灵敏度检测、脑部CT检测，以及在无尘室中的检测结果一同诊断。

化学物质过敏症的诊断标准

满足主要症状2种+其他症状4种或主要症状1种+其他症状6种+检测结果2项，即可诊断为有化学物质过敏症。

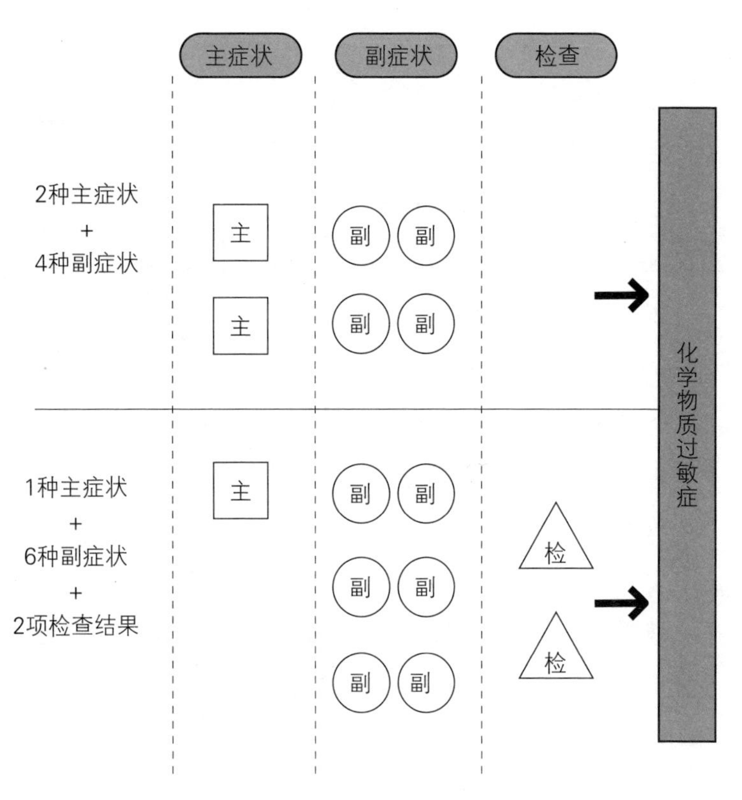

摘自：《化学物质过敏症》（［日］宫田幹夫）

发病机制与入侵过程

每个人的“最大容许值”不同

异物入侵体内后，我们身体中自带的解毒机制和免疫机制、自主神经等都会努力使异物排出，或是让身体适应异物的存在。

但倘若长期摄取这些有害化学物质，终有一天会超过身体最大适应能力。这样一来，只要再稍微接触一点化学物质，就会出现头痛、腹泻、疲劳等症状。

这种过程与花粉症等过敏性疾病十分相似。我们知道浴缸里的水会通过下水口缓慢排出，但如果浴缸进水太多，下水口就无法及时排出，导致水从浴缸中溢出来。我们身体也是一样的，化学物质就像进入浴缸的水，会通过人体的解毒作用慢慢排出体外。但如果进入身体的化学物质太多，身体就没办法及时将化学物质代谢出去。这时，人体就会发病。

降低人体解毒功能或免疫功能的元凶不仅是化学物质，还有电磁波等物理原因、花粉和病毒等生物原因，以及精神压力、老化和健康状态恶化等原因。

从接触化学物质到发病的过程

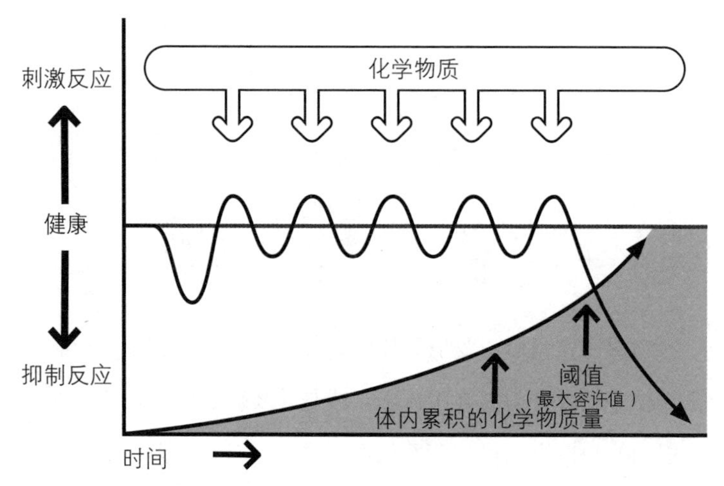

摘自：《化学物质过敏症》（［日］宫田幹夫）

入侵人体路线

化学物质是通过皮肤、肺部、消化器官等黏膜进入体内的。比如药品、化妆品、洗发水、洗涤剂等包含的化学物质通过皮肤进入体内。美国一项调查显示，64%的入侵体内物质都是从皮肤进入的。也就是说，化学物质可以轻松穿过皮肤。

通过检查得到明确的诊断结果。

除此以外，摄取量和症状之间的关系也有所不同。中毒时，诱发中毒的物质越多，人的症状越严重。但化学反应过敏症时，虽然症状因人而异，但在摄取一定量时会出现某些症状，过后也可能突然减弱或消失。

化学物质过敏症的另一个特征就是超微量的物质也能引发反应。中毒反应一般需要毫克（千分之一克）单位的物质，而引发化学物质过敏症仅需要毫微克（十亿分之一克）单位的物质。

与哮喘、特异反应性皮炎的关系

化学物质的二次影响

过敏性疾病与化学物质过敏症的关系比较密切。花粉症在“二战”前几乎没有，但在现代社会中确实是最多的一种过敏性疾病。

导致这种情况的原因之一就是汽车尾气等引起的大气污染。而使过敏反应加重的原因除了尾气中的有害粒子，还有有机磷类的杀虫剂、自来水中的三氯甲烷、食用色素、防腐剂、芳香剂等化学物质。

1991年的日本保健福祉动向调查中，出现过敏症状的人有34.9%，而在五年后的1996年，仅仅是发病的孩子就超过40%。人们认为造成这种急剧增长的背后，一定是越来越多的化学物质。

导致过敏的物质种类

类别	分类	物质
吸入性过敏原	室内	粉尘、霉菌、榻榻米、宠物毛、衣服、床上用品、建材中使用的化学物质等
	花粉	豚草花粉、杉木、蒿子
	霉菌	链格孢、青霉菌、念珠菌等
食物性过敏原	鸡蛋、牛奶、小麦、荞麦、花生、虾、螃蟹、大豆、鱿鱼、鱼子、鲅鱼、牛肉、核桃、红薯、橙子、猕猴桃、苹果、香蕉、蕨类、鲍鱼、芝麻、松茸、腰果等	
接触性过敏原	化妆品、涂料、衣物、金属、橡胶、油漆、床上用品、洗涤剂	

摘自：异位性皮炎儿童地球网站：《帮助克服异位性皮炎、过敏》

儿童哮喘的人数也在持续增多，而元凶很可能是地毯上的螨虫以及醛类化合物等。

有调查指出，日本异位性皮炎患者不断增加的原因与受到醛类化合物的影响有关。

金属过敏是受到镍、钴等金属影响的疾病。

目前，食物过敏的孩子越来越多，很多孩子不能吃小麦、大米、乳制品、水果等，而这也属于化学物质对人们的二次影响。

免疫疾病增多，加速老化

如果化学物质无法顺利排出，免疫功能就会受到影响。而免疫系统出现问题就会引发关节痛、血管炎症，引发疲劳感的疾病、加速身体老化等情况。

感染也是一个问题。在日本，抗生物质、抗菌性物质等化学物质作为药物被大规模使用，然而这很可能使细菌出现抗药性。免疫系统紊乱也是引发恶性肿瘤的原因之一。

大气中的尾气粒子、一氧化碳浓度上升时，老年人发生心脑血管疾病的概率就会增加。职场中的病态建筑综合征中，由空气中粒子引发的普通性肺炎的案例也在增多。

化学物质引发的疾病

过敏

花粉症　哮喘　异位性皮炎　荨麻疹等

自主免疫疾病

风湿、甲状腺异常
感染、心肺疾病
恶性肿瘤等

摘自：《化学物质过敏症：至今为止的诊断、治疗、预防法》（［日］石川哲、宫田幹夫）

化学物质也会加速身体老化。进入体内的化学物质会与细胞发生反应，产生活性氧。活性氧不仅会加速老化，还能引起恶性肿瘤等疾病。

当食用过多垃圾食品，或者过度节食时，就可能会摄取更多化学物质或排出更少化学物质，这样就可能缩短我们的寿命。

如上所述，化学物质会诱发各种各样的疾病，甚至会缩短我们的寿命。

早期诊断与窗口会谈

与病态建筑综合征的不同

严格地说，病态建筑综合征与化学物质过敏症并不完全相同。化学物质过敏症的主要诱因是化学物质，而病态建筑综合征的诱因是室内的空气污染物，除化学物质外还包括霉菌、螨虫、高湿度环境等。

二者的症状也各不相同。病态建筑综合征患者一旦离开那个环境，症状就会减轻；而化学物质过敏症患者即使离开那个环境，症状也不会减退，还有逐渐发展成慢性病的可能。

此外，化学物质过敏症的症状更加强烈，即使化学物质浓度低于国家标准值或指数值，也可能出现症状。

如果病态建筑综合征患者的症状得不到及时治疗，那么就会引发化学物质过敏症，因此一定要尽早诊断、治疗。

尽早接受专科医院的诊断

症状变化、持续时间长的情况

如果你出现多种症状，在医院接受治疗却一直不见好转，中途症状还发生了变化，很有可能就是得了化学物质过敏症。如果只是漫不经心地接受医院的治疗，在不明原因的情况下，很有可能就会被误诊为自主神经功能紊乱、更年期障碍、过敏性疾病或者其他神经系统类疾病。

首先，应该去找家庭医生、保健所、消费者生活中心、消费者中心进行咨询。

地方政府都设置了“健康谈话”的窗口，并且许多NPO（非政府组织）法人和各个团体都在为化学物质过敏症提供相关支持，因此也可以去这些团体咨询。

但遗憾的是，目前设有化学物质过敏症专科的医院很少，因此很难预约。

但不管怎样，不要一个人烦恼，而要去找相关人士进行咨询。只要确定了病因，就可以尽快寻找对策以及治疗方法。

灵活使用交流会、社交网络

最重要的是“交换”和“共享”信息

每个人出现的化学物质过敏症的情况不同。有人会突然对职场环境的“臭味”敏感；有人会在新装修的环境中加重呕吐……一旦发病了，就不能去上班或者出去买东西，别人可能会误认为我们没有干劲、很懈怠等。

有人还会出现很多烦恼，如“哪种肥皂好”“怎么才能去工作”“买东西怎么办”等。然后，原本美好的生活发生改变。

现在，很多人都在研究、开发新的安全商品或面向化学物质过敏症患者的商品，这些信息也在不断更新。

全国各地的化学物质过敏症患者或者帮助这些患者的人们已经组成了一些交流会和团体。他们会分享自己的感受、听取别人的经验。有很多人都受益匪浅。

不同的组织会召开学习会或交流会，帮助会员搬家，甚至支援一些企业。

如果你参加的组织比较远或是不能出门时，可以尝试使用社交网络。网上也有很多交流平台，可以先从信息交换开始尝试。

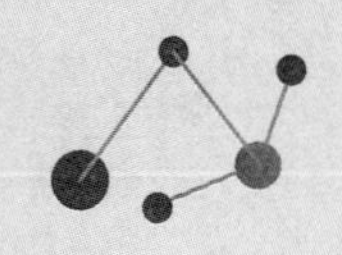

小专栏

我们正在食用塑料吗

目前，微塑料垃圾对鱼贝类产生了严重的影响。微塑料指的是那些被丢弃的垃圾受到风吹日晒后，被分解为直径5厘米以下的细小微粒。当然也有一些微粒小于1厘米。

体积较大的垃圾还能在海岸等地回收，但是这么小的垃圾已经流进海洋，几乎不可能回收。随后，这些微塑料就会进入各个大洋，目前已经在鱼、贝、海鸥等内脏中发现微塑料。

这样一来，食用体内含有微塑料鱼类的我们，也可能吃到微塑料。随后，我们的身体就会逐渐吸收其包含的化学物质。现在的一项预防方法就是不食用鱼的内脏。

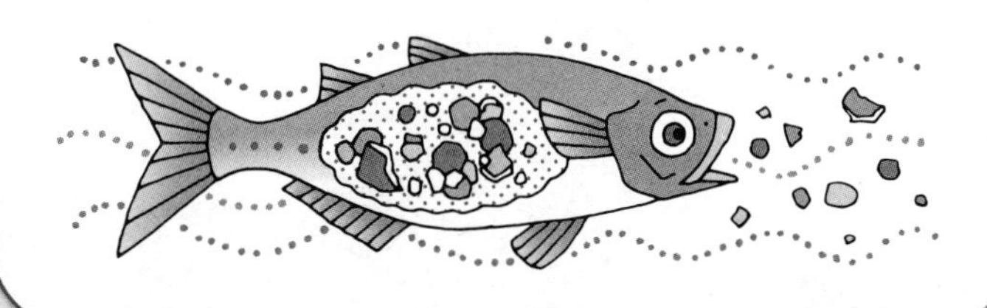

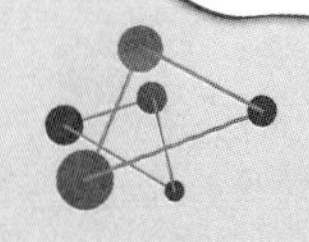
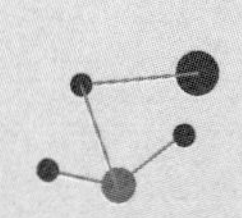
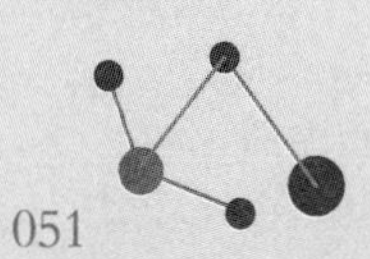
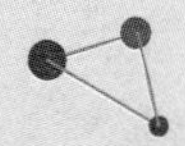

远离身边化学物质的方法

第二章

家具、家电/合成洗涤剂/洗发水、洗碗剂/化妆品/驱蚊剂、杀虫剂、除草剂/暖器/干洗/婴儿用品/厨具/餐具/加工食品/塑料容器/保鲜膜/文具类/观叶植物/公园/职场环境/杂志、书籍等

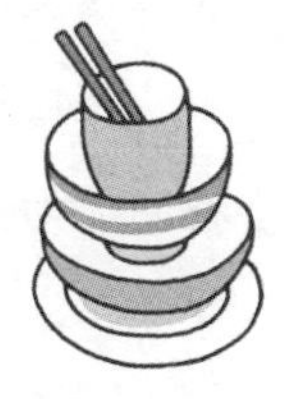

正确应对化学物质

平衡危害与利益

在现代社会中，我们无法做到排除一切化学物质，仅食品添加剂一项，超市、便利店、餐馆中的所有食物几乎都包含。但不仅是食物，我们身边的家电、家具、洗涤剂、文具等生活用品中都含有化学物质。

生活越方便，化学物质也就越多，这是技术文明进步的产物。

如果我们排除这些文明带来的便利，回到史前生活，反而会给我们带来更大的压力。

从现实角度出发，我认为在不影响正常生活的前提下，我们需要尽量远离化学物质。

在日常生活中，我们要在规避较大危害的同时，平衡利益，这点尤为重要。

比如说，在我们累到无法准备饭菜时可以使用半成品食品或蔬菜，而在平时尽量自己动手做营养均衡的饭菜。

当然，为了达到平衡，我们需要知道规避危害的方法。本书所介绍的就是日常生活中的一些小贴士。通过一些适当的选择和使用生活用品的方法，我们就可以减少化学物品对我们的危害。

了解方法后，下一步就是去实践这些方法，正确地应对这些化学物质。

力所能及地减少化学物质的影响

尽量远离以及排出化学物质

我们身边充斥着各种各样的化学物质。

在这里介绍三个小知识，帮助大家正确处理生活中的化学物质，减少有害物质的影响。

第一点，远离不必要的化学物质。

减少与家庭、生活环境中化学物质的接触是重中之重。让我们一起减少使用化学物质的次数，多去户外，尽量远离家中的化学物质，以减少它对我们的影响。

第二点，增强体内排出化学物质的能力，加速有害物质的排出。

适量摄取维生素、锌、镁等矿物质，可以增强抵抗化学物质的能力以及促进化学物质从体内排出。

第三点，通过运动和泡澡提高身体代谢能力。

排汗可以使有害物质排出。运动配合低温桑拿、温水浴是十分有效的。

此外还需要有规律的生活，消除精神上的压力。我们要保证有充足的运动和休息，不让身体变差。

在第二部分，我们会介绍远离化学物质的具体对策。第三部分会介绍促进化学物质排出体外的食物和运动等。

为了自身和家人，请一定履行“实践从我做起”。

通风换气

长时间停留的房间或办公室需要经常通风

想要尽量远离化学物质的重中之重就是进行通风换气。平常乱放的物品也要重新摆放。

要点

- 使用风扇为抽屉、柜子、厕所、厨房通风。

原因：平时紧闭的地方和做过防腐处理的厨房容易累积化学物质。

- 打开南北两侧的窗户，再打开风扇和换气扇给整个房间换气。
- 要经常将地毯和榻榻米等放到阳光下晾晒，让其中的药剂挥发。
- 做过抗菌处理或防火处理的窗帘要水洗烘干。
- 搬进新家之前要开窗通风1个月。

原因：空气净化后再入住更安全。

用机器换气还不够，要打开窗户通风

错误使用空气净化器的人有很多。其实，减少室内化学物质的最好办法就是开窗换气，而空气净化器只是将室内的空气进行了循环而已，没有起到换气的功能。

空气净化器的种类有所不同，有的是通过风扇收集脏东西，有的是通过静电收集，也有一些安装了活性炭吸附臭味或是通过催化剂分解臭气成分的商品。最近，市场上也出现了一些带有抑制霉菌和病毒功能的新商品。

但这些装置只对那些无法通过过滤器网的物质有作用，除臭是可以的，但是却无法真正净化化学物质。

此外，空气净化器也是小家电，本身就含有塑料和一些可能挥发的化学物质。不过也有一些空气净化器的机身为金属或是陶瓷。

要点

- 需要仔细清洁过滤器，定期更换滤芯。
- 要清洁带有加湿功能的机器。
- 打开两扇以上的窗户，并使用风扇，给房间更换空气。
- 不要依赖空气净化器，定期开窗通风非常有必要。
- 在多花粉、沙尘暴、散播农药、PM2.5浓度高的时期以及周围施工时，可同时使用空气净化器和风扇来换气。

家具、家电

新购置家具搬进室内时的秘诀

由于越来越多的关于病态建筑综合征的防治办法出台，危险性较大的建材越来越少了。相反，从外面带回家的化学物质越来越多。

在卖场购买家具和家电制品时，既可以选择直接带回去，也可以选择配送，但无论如何都要注意它的外包装。一定要注意不要让外包装上附着的化学物质进入室内。

要点

●尽量在室外拆除外包装，用抹布擦拭。

原因：外包装上沾有工厂空气中的多种物质等。

●咨询店员。

原因：有些店家会使用可吸附化学物质的胶带包装商品。

通风或使用二手家具

家具上要注意的一点是三合板中的黏合剂，此外还有沙发、椅子等合成皮的黏合剂挥发出来的化学物质。黏合剂中包含的防腐剂、可塑剂会在数年内持续挥发。

刚开始使用的家具，根据包装方式不同，有的可能附着化学物质，有的可能大量挥发，出现臭味。

●尽量选择不含三合板、合成皮、塑料、黏合剂的家具。

⚠ 最近为了抑制三合板、黏合剂等含有的化学物质，出现了密封效果很好的涂料。

●最好通风数天至2周。

●在日光下，晒干家具。

●家电制品在室外通风后搬进室内。

1.在室外拆箱，将固定物品用的胶带全部拆除。

2.将家电接入电源，在工作状态下用电扇进行通风。

3.通风时，最好要保持24h x 10天。

原因：家电本身使用的塑料和零件会释放化学物质。接入电源时，电器产生热量，会加速化学物质的挥发。

要点

●大型家电等难以在室外通风的商品可以在室内通风。

1.转移容易吸附化学物质的布制品，如被子、窗帘等。

2.开窗户。

●如果介意新品的臭味，可以使用二手家具。

原因：某些化学物质在多年使用的过程中会挥发殆尽。

合成洗涤剂

注意使用方法与洗后残留

洗衣服和洗碗使用的合成洗涤剂在不断升级。这些可以帮助我们快速去污的洗涤剂中，包含了石油或动物性油脂，并进行化学加工。

大多数合成洗涤剂中都包含表面活性剂。平时用水洗不掉的脏东西可以被表面活性剂包裹住，更容易被清洁，并不会再沾到（炊具、衣服等）表面。

洗发水中也含有表面活性剂。清洗力强的表面活性剂甚至会洗掉头皮和皮肤中必要的油脂。皮肤上的一部分细胞膜也会被溶解，因此皮肤表面会变得干燥。

要点

●在使用去除霉菌、细菌的含氯漂白剂时要注意。

原因：这种漂白剂含有强氧化性好的杀菌性，会引起皮肤问题或伤害呼吸器官黏膜。

●避免同时使用含氯漂白剂和含氧洗剂，分别使用时也要开窗换气。

原因：两种洗剂可能会在下水管道发生反应，产生有毒的氯气。

洗衣服

不使用洗涤剂，养成用肥皂的习惯

合成洗涤剂与肥皂的成分是完全不同的。肥皂的成分有脂肪酸钠、脂肪酸钾、皂基、钾皂基等。肥皂的原材料是天然油脂和脂肪酸，后与苛性钠或苛性钾反应。用过的肥皂水会被微生物分解，回归大自然。

合成洗涤剂是以石油、天然油脂等为原材料经过复杂的化学反应后，得到的合成表面活性剂。表面活性剂通过皮肤进入身体后，基本不会被分解，并且会不断积累，很有可能对身体产生危害。即使商品上写着“来自植物”，只要它的成分表中有“表面活性剂”，或是没写着“肥皂”，就可以把它当作合成洗涤剂。

要点

●交替使用合成洗涤剂和“洗涤用肥皂”。

●使用天然碱（倍半碳酸钠）洗涤。

1.每30升水加入2小勺或1大勺天然碱。

2.加入待清洗衣服中并混合。

3.静置3小时到一晚。

4.和平时一样进行洗涤步骤。

●用醋代替柔顺剂。

1.在漂洗时倒入1/4杯（约62.5ml）即可使衣物柔软。

2.在使用皂粉和天然碱等粉类时，先用热水冲开再加入洗衣机。

原因：不会出现粉块。

●如果不是特别脏，只用热水清洗。

除菌、抗菌

用柠檬酸、醋清洁就够了

近年来，越来越多的家庭为了预防传染病或保持家中清洁，开始使用做了防菌防霉处理的商品抑或使用抗菌剂和抗霉剂。

防菌防霉处理剂中含有有机水银、三苯基锡化合物、三丁基锡化合物等，如果大量接触，就会出现皮肤问题、中枢神经障碍、生殖功能障碍等疾病。

和抗菌相似的词语还有杀菌、灭菌、除菌等。这些词的意思是“积极杀死细菌”，因此很有可能含有强效的化学物质。另一方面，“抗菌”有所不同，抗菌的意思是“抑制表面细菌的增殖”，也就是说并不能杀死细菌，而是抑制细菌繁殖。因此，如果身边有大量抗菌商品的话，很有可能对身体产生负面影响。

我们的生活环境中存在着大量的细菌。其中包含霉菌、螨虫、其他有害细菌等过敏原，因此清洁是必要且重要的。但此外，还有一些像纳豆菌这种可以食用的细菌、皮肤上的有益细菌等，如果离开了这些细菌，就无法培养体内的正常菌群，人体免疫力就会降低。

要点

●尽量使用清水或天然肥皂清洗。

●用柠檬酸或醋做扫除。

1.市面上卖的柠檬酸取2小勺，与100毫升清水混合后倒入喷雾瓶中。

2.将醋和水用1∶1的比例混合后使用。

原因：柠檬酸和醋的抗菌、除臭作用非常好。

洗发水、洗碗剂

用肥皂或小苏打（碳酸氢钠）代替合成洗涤剂

肥皂的种类有很多，如清洁身体用的、洗头发用的、洗碗用的等，但很多人却不假思索地购买了合成洗涤剂。虽然都是可以直接接触皮肤的，但合成洗涤剂中的化学物质会轻易地进入体内。

洗发水、护发素、牙膏粉、化妆品等都包含合成洗涤剂中的表面活性剂。表面活性剂会将起到保护功能的表皮油脂全部清除。

要点

● 用肥皂代替合成洗涤剂。

● 使用无添加的洗发水。

⚠ 包装上的“无添加”只代表不添加香精、防腐剂，实际上可能有其他添加物，因此需要确认成分表。“复合肥皂”指的是肥皂和合成洗涤剂的混合物。

每个人对肥皂的反应不尽相同。而每个制造商的动物性成分（牛脂）、植物性成分（棕榈油、橄榄油等）等原料也不同。在使用时应该舍弃不适合自己的，去选择最适合自己的商品。

● 在使用洗发水前，先用热水冲一下头发。

原因：用洗发水在头皮上按摩可以减少用量。

● 用皂粉或固体肥皂时，先用热水冲洗后再清洗碗具。

● 用小苏打代替合成洗涤剂。

原因：小苏打可以乳化油脂，分解蛋白质。

化妆品

确认成分后再购买

除了皮肤过敏或出现皮肤炎症的人，大部分人在选购化妆品时不会有意识地去看添加剂。化妆品中也含有着色剂、防腐剂、表面活性剂、抗氧化剂等化学物质。虽然这些物质不会进入口中，但也会透过皮肤进入体内，是有危险性的。尤其当皮肤已经出现问题变得比较敏感时，有害物质就会趁机大量进入体内。

正因为化妆品是我们每天都会使用的，所以更应该选择安全的产品。化妆品的成分非常多，超过12,000种。

要点

●确认成分。环境省化学物质信息检索支援系统以及日本化妆品工业联会的官方主页上可以检索成分信息。

原因：根据日本《医药品医疗器械等法（原药事法）》，原则上化妆品使用的所有成分都必须印刷在产品外包装的成分表中。

⚠ 即使包装上印有“无香料”，也可能会有味道，因为用料中的某些原料或精油会带有味道。

护发类

染发、烫发剂的作用力很强，使用发胶也须注意

近年来出现了一个新名词——香气污染。身边的人使用发胶、香水、洗涤剂、柔顺剂、护手霜等的香味成了问题的来源，导致人身体不适。

最近，日本地方政府制作了“控制香料使用请求”的海报，并张贴在公共设施周围。

理发店的染发、烫发等项目是通过一些药水改变头发颜色或使头发弯曲的。这些都可以让头发发生改变，是作用力很强的药品。

染发、烫发药水中的化学物质会气化到空气中，发出独特的味道，并随着人们的呼吸进入体内。这种药品沾到头皮后，更容易侵入体内。

要点

- 好好利用白头发，做一个奶奶灰的颜色。
- 在皮肤上试用一点后再使用产品。
- 如果头发干燥或有损伤，可以用椿油这种植物油涂抹。对气味敏感的人，可以选用无香料的产品。

⚠ 每个人对商品的反应不同，使用前一定要试用。

驱蚊剂、杀虫剂、除草剂

谨慎使用祛除白蚁药剂

现在越来越多的人频繁使用杀虫剂或防虫剂。使用白蚁祛除剂后，家中4～5年都不会出现蟑螂。想想看，连最难缠的蟑螂都不愿意来，那么家里的化学物质污染该有多严重。

更小一点的虫子是小蜘蛛。出现蜘蛛或更小的虫子的房子污染程度很低。但是，白蚁会啃食承重的柱子等，会使房子的抗震效果减弱，因此还是和专业人士商讨对策。

要点

● 在新建房屋时，要和专业人士讨论如何谨慎地做白蚁驱虫。

原因：白蚁驱虫药剂可以透过墙壁影响上下两层，通过地板也可能给周围的邻居带来不好的影响。

防虫小办法

蚊香燃烧时会产生很多化学物质，使用时间不宜过久。同时，尽量避免使用除草剂。确认那些不易长草的土地中是否含有有害化学物质。

要点

- 在玄关、窗户外侧或是阳台上放置驱虫装置。
- 安装网眼较小的纱窗。
- 不用的水桶、喷水壶、花盆等容器中不要装水。

原因：不让蚊子的幼虫在这些地方生长。

- 选用带盖子的垃圾桶，湿垃圾要尽快丢掉。
- 定时清洁灶台下侧、冰箱内侧等卫生死角。
- 在室内摆放虫子讨厌的植物（薄荷、柠檬草、桉树等）。
- 用木屑片、扁柏来防杂草。

除臭剂

用备长炭代替除臭剂

家庭中化学物质浓度最高的地方之一是洗手间。因为洗手间里放置了除臭剂、芳香剂等。

现在市面上出现了许多专门用在玄关、客厅的除臭剂和芳香剂。如果在家中使用这些物品，那么我们和化学物质接触的时间就会变长。

要点

●在家放置备长炭或竹炭。

原因：它们不仅能吸收空气中的臭气，还可以在某种程度上吸收化学物质。在泡澡水中放入一些，也可吸附水中杂质。

⚠ 如果没有吸附充分，可能会释放出之前吸附的物质，因此请每隔1~2月更换一次，或是在室外煮沸消毒暴晒后再使用。在煮沸消毒时，对化学物质过敏的人要小心。

●使用柠檬桉或薄荷等香料。

⚠ 有的人会对香料或桉树过敏，请注意。

●把小苏打放在容器中，并放置在室内或鞋柜中。

●在垃圾和脏衣服上撒一层小苏打。

暖器

仔细清洁过滤器

暖器会带来空气污染。现在很多家庭使用以石油或天然气为燃料的取暖器，但这种暖器会产生氮氧化物或硫氧化物。

还有人选用电暖气、陶瓷暖炉或小太阳等。这些物品本身含有塑料成分、涂料或黏合剂等，在加热时会释放出化学物质。

温度越高，化学物质越容易被释放，因此注意室内温度不宜过高。

要点

●使用空调时，一定要仔细清洁过滤网。

原因：可避免霉菌和灰尘飘散。

●使用充油式电暖器时，要先在户外通风后再使用。

原因：在刚开始使用时，会有化学物质挥发出来。

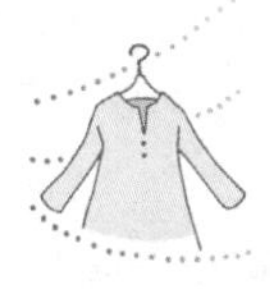

形状记忆加工服饰

至少将新衣服洗净吹风后再穿

形状记忆加工衬衫不需要熨烫、不易产生褶皱，因此很受人们欢迎。但实际在加工过程中，使用了甲醛。很多袜子和内衣也做了抗菌加工处理，但其实绝大部分衣物在加工过程中都添加了化学物质。原材料经过漂白、染色、软加工等药剂处理后才变成了商品，而这些化学物质会残留在衣服纤维内部。

要点

- 选择没经过形状记忆加工和抗菌加工的物品。
- 如果购买了形状记忆加工衣服，请先清洗再穿。
- 即使是未进行以上加工的衣服，如果在意气味的话，也先清洗再穿。

原因：可能残留着厂商或服装店使用的化学物质。

⚠ 如果清洗后还残余臭味，可以先在40摄氏度以上的热水中浸泡5～10分钟后再洗。浸泡时，避免接触蒸汽。

- 像西服这种不能洗的衣服，可放在阴凉处吹风晾干。
- 尽量选用无染色、无加工的手绢、毛巾和内衣。
- 棉布卫生巾比一次性卫生巾更好。

⚠ 每个人对有机棉花的反应不同。

干洗

在室外释放化学物质后再拿进来

很多人发现在外面清洗回来的衣服上会散发一点臭味。干洗衣服所用的洗剂中含有石油类溶剂，这类成分会引发皮炎。

我们身上穿的衣服纤维会吸收空气中的化学物质。如果直接把清洗回来的衣服放进柜子里，那么其他的衣服上也会吸收这些化学物质。

要点

●从洗衣店拿回的衣服需要先悬挂在户外通风处。

1.把衣服挂在晾衣竿上，并去掉包裹衣服的袋子。

2.放在阴凉处通风后，再收起来。

●收衣服时，不要使用防虫剂。

1.洗干净后，放在PE塑料保存袋中。

2.将袋子封口保存。

婴儿用品

软塑料不好

婴儿在使用奶瓶、奶嘴、餐具、玩具的时候，其成分会随着牛奶和食物一起进入婴儿体内，尤其当婴儿咬这些物品的时候，会进入更多，因此要非常小心。

要点

- 选择玻璃奶瓶。
- 避免使用软塑料制作的玩偶或玩具。

原因：让塑料保持柔软的可塑剂中含有内分泌干扰物（环境激素）。

- 选择木头制品或天然纤维（棉、麻、绢、羊毛等）制品。

⚠ 毛毡制品的玩偶或玩具中含有合成纤维，请确认是不是100%纯羊毛。

婴儿用品中可能包含的化学物质

种类	化学物质
奶瓶	双酚A
奶嘴	邻苯二甲酸[1]
磨牙玩具	二异戊酯
屁股湿巾	除菌剂
蜡笔	汞、镉、砷、铅等
PVC玩具	邻苯二甲酸酯[2]

[1] 邻苯二甲酸、二异戊酯禁止用于婴儿用品。

[2] 邻苯二甲酸酯禁止用于4岁以下儿童玩具和餐具。

厨具

选择不含涂料的厨具

现在我们使用的平底锅等厨具中，大多含有氟树脂（特氟龙）。在一般情况下可以放心使用，但如果加热空锅，就会使氟树脂受热分解，释放有害气体。此外，涂层很可能在做饭时脱落，随食物进入体内。

要点

- 选择未加涂层的商品。
- 使用铁锅。

原因：做饭时铁溶在饭菜中，可以为人体补充铁元素。

使用新锅时，需要烧开水并用油涂抹整个锅内部。在烧水时，锅内的防霉菌薄膜会挥发出臭味，身体不适的人可请其他人帮忙。

要点

- ●使用不锈钢煎锅。
- ●选择不锈钢或玻璃火锅、珐琅锅、砂锅、铁锅。
- ●请勿用铝箔、硅油纸代替锅内盖。

原因：纸巾挥发的气味可能会沾到菜上。

- ●使用不锈钢锅内盖。
- ●用烤箱做食物时，可将硅油纸垫在不锈钢容器或珐琅容器的内部防止烤焦。

避免塑料制品

现在很多人注重食品安全，却不太注重厨具安全。虽然和食物相比，厨具可进入人体的化学物质很少，但毕竟是接触食物的物品，还是应该加倍小心。

塑料的原材料是石油。石油在制造过程中经过强化、变形、变色，添加了很多化学物质。虽然塑料也是符合国家安全标准的，但也无法保证对人体毫无伤害。

化学物质的含量即使在标准值以下，还是可以给敏感的人带来影响。况且，我们的生活被化学物质包围，也许你同时摄取了A和B，会引发更大的相互作用。

要点

●使用木制、竹制厨房用品。

原因：像竹筐等使用的竹子带有天然防腐功能；木桶等使用的刺柏带有防霉、除臭、抗菌的天然效果。

要点

⚠ 并不是所有木制品都可以安心使用。要注意进口的木材，很可能在商品表面施加了涂料或是木头本身经过了防虫、防霉处理。在购买时，要看准原产地，选择值得信赖的厂商和门店。

●请勿使用塑料或铝制筷子和勺子。

●对煤气味道敏感的人，可改用电磁炉做饭。

餐具

选择值得信赖的厂商

现在很多人都在使用陶瓷餐具或陶瓷茶杯，但我希望大家在选购的时候，注意一下商品是否使用了有害物质。很多厂商为了让商品看起来更有光泽、花纹更精美，在生产过程中添加了一些有害物质，而人们在用这些餐具吃东西时，有害物质就会进入体内。当有害物质在身体内累积起来，就会对健康产生极大的影响。

要点

- 从值得信赖的厂商那里购买不含有害物质的陶瓷器皿。或是选择接触食物部分没有花纹的容器。
- 不要买塑料餐具。

原因：在生产过程中，可能会有化学物质落在餐具上，或是在使用时因塑料溶解，出现有害物质。

- 婴儿餐具一定从值得信赖的厂商处购买。

日本从古至今都在用漆器的餐具，尤其是直接接触嘴的碗筷中，漆器制品更是被人们青睐。虽然其主要成分生漆带有毒性，如果碰到会引发皮肤过敏等，但是只要晾干后就会变得非常结实耐用。

涂上多层生漆、干燥、搅拌，再多次重复此操作后，就可以得到结实精美的漆制品。并且，生漆的成分不会溶解出来，耐酸、碱、盐、酒精等腐蚀性物质，防水、防腐，是品质优异的产品。漆器是不含有害物质的、可安心使用的餐具，同时也是日本传统工艺品。

加工食品

注意食品添加剂

经过加工的半成品蔬菜、速食食品、香肠火腿、竹轮、鱼板等加工食品中含有许多食品添加剂。如果经常吃这种食品，身体就会在不知不觉中摄取大量有害化学物质。因此，我们最好自己做饭。

大部分速食食品或快餐中，卡路里很高，而营养却很少。如果只吃这些东西，身体就会缺失微量元素和维生素，导致营养不良。

即使很多包装上写了无添加、不使用防腐剂等字样，也很有可能用其他添加剂代替。因此并不是看见这些字样就代表一定安全。

要点

- 选择印有“不使用农药”的大米和蔬菜。
- 尽量不吃大棚果蔬和反季节果蔬。

原因：大棚作物和反季节作物比普通作物营养低。

- 仔细阅读成分表后购买。
- 避免每天吃软罐头食品、饮料、罐装咖啡、布丁、果冻等。

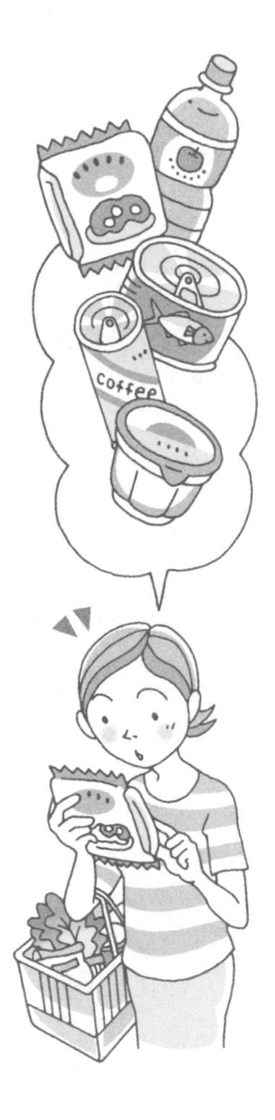

肉、鱼

明确生产（商）地后购买

购买肉类时，一定要选择厂商明确的商品。吃安全饲料、健康长大的猪、牛、鸡和鸡蛋才是最好的。现在市场上大部分饲料是加了农药或者转基因谷物的复合饲料，其中包含了抗细菌药或者激素等。

在日本，每头肉牛都有自己的ID编号，通过编号可以得知这头牛是在哪个国家饲养的。但有个别情况是，在美国养育10个月、在日本养育12个月的牛也被标为“国产”。牛舌和牛肉馅没有标注编号的义务。

如果想要选择更安全的肉、鱼类制品，一定要仔细查看包装上的信息。

要点

●尽量选择印有ID编号的肉类。

⚠ 可以在（独）家畜改良中心主页查看ID编号。

●选择用天然物品、自然盐加工的鱼贝类。

原因：为了增加保存时间，一般的鱼贝类都经过盐类处理、抗氧化加工等。也有的人为了让鱼贝类外表更诱人，增加了一些食品添加剂。很多养殖鱼都添加了抗细菌物质或抗菌剂等药剂。

●去寻找那些注重食品、生活用品安全性的商店、商贩、直营店等。

调料

尽量选择不含添加剂的调料

不仅要注意食材，调味料中的食品添加剂也应该引起重视。

尤其是我们经常使用的味噌、酱油、糖、料酒、味淋、木鱼屑等，在购买时一定注意原材料。这些调料中很可能加入了化学合成的谷氨酸钠、肌苷酸钠等添加剂。这些本来应该是高汤中提取的味道，却被合成的化学物质替代。

这些成分大致可分为氨基酸、核酸、有机酸、无机盐，并且在成分表中会写有“调料（氨基酸等）”。

这些都是通过人工方法减少成本，用添加剂调整味道。如果食用这些含有化学物质的调料，再加上食材中的化学物质，可能就会引发摄取过量，引发味觉障碍或低体温症等疾病。

要点

●检查是否按照古法制作，检查原材料。

1.味淋的成分应该只有糯米、米曲、酒精。

2.酱油应该只有大豆、小麦、盐、盐曲，其他的都是添加剂。

●不要选择保质期过长、颜色过艳的商品。

原因：很可能添加了添加剂。

●选择本地的商品。

●使用天然高汤。

原因：可以更好补充矿物质。

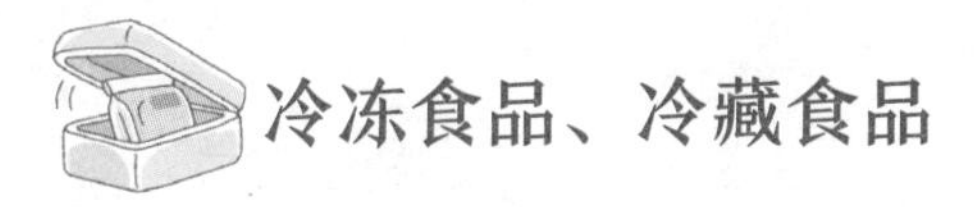

冷冻食品、冷藏食品

尽快从包裹材料中取出食品

冷链包装食品一般是放在塑料泡沫和纸箱子里，寄送到家的。为了保证商品在运输途中的安全，纸箱子中会放入许多缓冲材料，比如废纸、塑料泡沫等。

聚苯乙烯泡沫塑料是以聚苯乙烯树脂为主体，加入发泡剂等添加剂制成。塑料泡沫在制作过程中添加的原料具有很强的挥发性，因此在炎热的夏天很容易挥发有害物质。

纸箱子上有黏合剂、墨水和生产时使用的其他化学物质。尤其是在夏天使用的新箱子，非常容易挥发，一定要做到以下要点。

要点

●在户外取出商品。

●用湿布擦拭商品或用水冲洗。

●用PE袋子将塑料泡沫和纸箱子装好后放在室外，尽快处理。

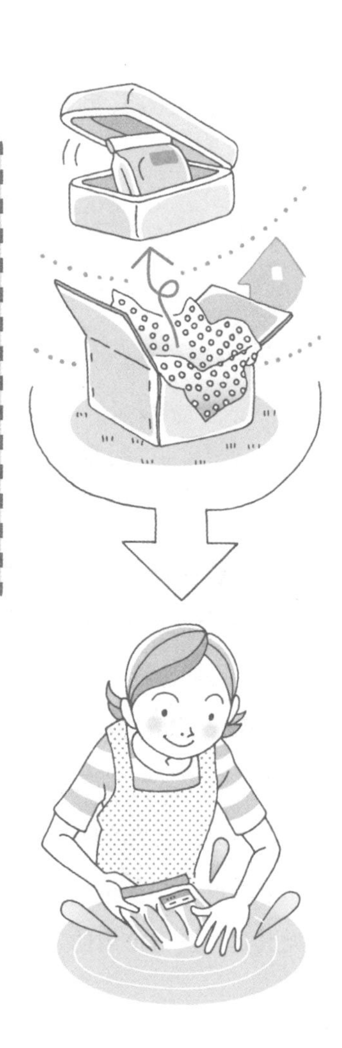

方便面

放进其他容器后再泡面

一提起泡面盒，很多人都感觉是塑料制品，但其实最近已经逐渐被“纸盒”代替了。除此以外，还有PET材质的泡面盒。目前市面上的主流包装是盒子内部是纸质的，但表面都有塑料涂层。

要点

●将面饼取出放在陶瓷碗中再泡热水，减少面饼上附着的氧化油脂。

1.把面饼放在陶瓷碗中，泡上开水，等1分钟后，倒掉热水。

2.将调料包倒入面中，重新注入开水。盖上盖子后，等待几分钟。

●如果是袋装面的话，请将面和汤分开做。

1.在碗中放入调料和热水制成汤。

2.将煮开的面饼过水后，放入汤中。

塑料容器

不要用微波炉加热

便利店的便当、放进塑料盒的食物等在微波炉加热很方便，但是余热可能会使塑料溶解，哪怕只溶解一点点也是有危害的，因此最好不用微波炉加热。可以放心在微波炉中加热的容器有：耐热玻璃容器、陶瓷容器、耐热性塑料容器、硅胶容器等。

要点

- 尽量把塑料包装的食物带回家，放到耐热玻璃、陶瓷等容器后再用微波炉加热。
- 加热时，选用耐热性好的保鲜膜，并且避免直接接触食物。

更换容器时的注意点

大部分售卖的食物都用塑料容器或保鲜膜包裹。有些食物具有酸性或碱性，可能会溶解塑料，因此需要注意。PE塑料被认为耐酸碱腐蚀，牛奶或其他乳制品的内包装涂层都会用到PE塑料。

要点

●如果包装出现鼓包、破损等情况，不要食用。

●在放过食品的容器中，不要放其他食品，尤其是含油和酒精的食材。

将外卖食品放入家用餐具再加热

汉堡、牛肉饭、汤类、章鱼烧、炒面等都可以打包外卖，带回家时我们一般都会再加热。

其实装外卖的容器基本都不耐热，大部分都是由苯乙烯构成的，而苯乙烯被认为是一种环境激素。苯乙烯也被叫作塑料泡沫。这种物质耐热性差，在微波炉中稍一加热就会溶解，使得容器变形。容器中的部分成分还能在食用油的作用下被溶解。

要点

●将食品放入陶瓷器皿或者耐热玻璃器皿中加热。

软罐头食品

转移后加热

罐头包装的食材大多经过冷冻处理或已经用水煮过，其中大部分水溶性成分和矿物质都已经流失。所以，软罐头包装的食材中都会加入大量化学调料、水解蛋白和酶等添加剂。

化学调料成本很低，因此商家会毫不吝啬，但其中的磷酸盐会对健康产生较大影响，磷酸盐会和矿物质结合后排出体外。也就是说，长期吃水煮加工食品，会造成体内矿物质的流失。

为了方便保存，软罐头包装袋中几乎是真空状态，并加热除菌。软罐头包装袋可大致分为两大类。一种是加了铝箔的包装袋。目前市面上的包装大部分的构造是：接触食品的内层是聚乙烯或聚丙烯材料，中间夹层是铝箔，外层是涤纶。也有一些商品还会再贴一层尼龙。

另外一种就是可以看见内部的“透明”包装袋，内层加入了铝箔、聚乙烯或聚丙烯。

要点

- 平时尽量不要吃软罐头包装食品，在必须选择时，请选择添加剂少的品种。
- 将食物从包装中取出，放到锅中加热。

⚠ 注意用小火加热，不要煳锅。

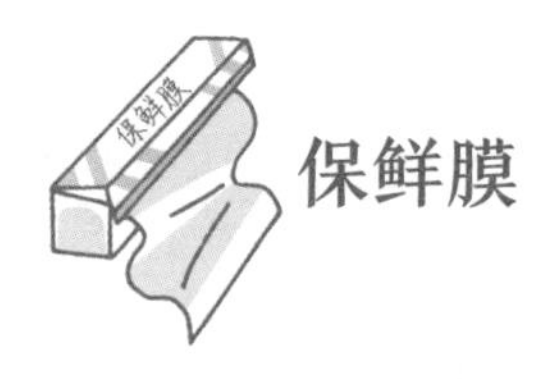

保鲜膜

尽量不要用微波炉加热

即使是食品保鲜膜，其中也包含聚偏二氯乙烯或聚氯乙烯等环境激素，因此要尽量避免使用。即使是耐热性较高、可以使用微波炉加热的保鲜膜中也含有大量聚偏二氯乙烯。

要点

- 在微波炉加热含油多的食物时，更容易使温度升高，因此请大家把食物放在较深的容器中，不要让保鲜膜接触到食物。
- 选择聚乙烯制品。

⚠ 虽然材料更加安全，但耐热性不好，使用时要注意。

- 用微波炉加热时，选用带盖的耐热玻璃或陶瓷器皿代替保鲜膜。

罐头

打开铝制罐头后，将食物立刻转移

为了防止食品变色、变味、腐败等，罐头内侧都涂有涂层。涂层原先都是使用双酚A这种环境激素合成的合成树脂制作，但现在大部分改用了新型材料——聚酯薄膜制成的复合板。虽然安全标准更加严格了，但有害化学物质依然存在。

●打开罐头后，立即将食物转移到陶瓷器皿或者其他容器中。

原因：水果罐头包装内部并没有涂层，一旦接触空气，罐头上的锡就会发生反应，容易溶解。

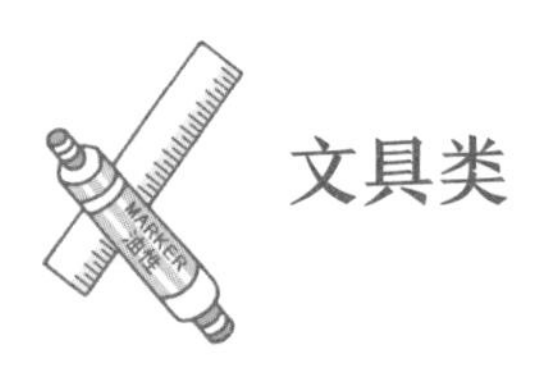

文具类

买新商品时要先试用一下

文具类用品中含有大量化学物质。孩子使用时，容易将文具放在嘴里，因此要十分注意。

要点

●新铅笔从包装中取出后，先通风再使用。

原因：一般的铅笔都会使用黏合剂。

●对铅笔过敏的人尽量使用白木铅笔。

●对圆珠笔或钢笔墨水过敏的人请停止使用。

●对油性笔过敏的人可改用刺激性小的水性笔。

●不同厂家的纸张气味不同，要多试用。

●透明胶带、双面胶、胶布等要选择每卷单独包装的，不使用时将它们收入袋子中。

要点

●对涂改液气味敏感的人请选择涂改带。

原因：涂改液中包含合成树脂等。涂改带的刺激较小。

●非必要不使用黏合剂。选择一次性商品，不在家储存。

●胶水选择淀粉胶。

原因：淀粉胶以玉米、小麦等谷物为原材料制成，黏合纸张效果很好。

⚠ 也有部分商品加入了防腐剂，要检查成分。

观叶植物

放置屋内可以净化、吸收化学物质

植物会吸收二氧化碳和有害物质、细菌，并释放氧气。近来，在病人来问诊化学物质过敏症时，有些医生会询问家里是不是有观叶植物。

NASA的研究显示，在约10平方米大小的房间内放置一盆植物，这盆植物可以吸收空气中50%～60%的甲醛、10%～25%的三氯乙烯、50%～90%的苯。虽然研究中并没有限定是什么植物，但普遍认为绿萝、洋菊、非洲菊、芦荟等植物净化空气的效果比较好。

还有研究报告显示，不仅植物的叶子可以去除有害物质，就连盆栽植物土壤中的微生物也可以分解有害物质。植物可以起到除臭、装饰的功能，还能减轻人们的心理压力。

要点

- 不要选择塑料花盆，请选择陶瓷花盆。
- 不要使用除虫剂或农药。
- 每个房间放置一大盆植物或五小盆植物。

公园

鹅卵石或沙坑中可能有农药残留

有孩子的家庭经常去公园玩耍或在公共场所参加活动。实际上，这些公共场所正是残留多种化学物质的地方。

公园以及绿化带都会喷洒防虫剂、除草剂，其中易挥发的物质会被风吹走，但在鹅卵石或沙坑中会有残留。

除农药外，公共场所中还会残留杀虫剂、老鼠药、消毒剂、除臭剂、除菌剂中的有害化学物质。公共场所有义务让人们知道此处是否使用药剂，并提供相关信息。也有一些地方政府正在努力减少农药的使用。

要点

- 孩子在沙坑中玩耍后，要在屋外抖掉身上的沙子，用清水洗手、洗脸，更换干净的衣服。

原因：沙坑中可能含有农药，也可能是小猫、小狗解手的地方。

⚠ 如果过于保护孩子，可能会导致孩子自身抵抗力降低。总之，一定不能让孩子把有害物质带回家里。

- 可以向公共设施的管理者询问使用杀虫剂或农药的时间以及使用药剂的信息。
- 在农药喷洒时期，路过这些地方时要戴上口罩、护目镜、手套，穿长袖等，避免皮肤直接暴露在外。

职场环境

和上司沟通请求解决问题

由于劣质建材会引发病态建筑综合征，现在建材的相关规定已经十分严格，但地毯、复印机、桌椅等办公室家具，印刷的宣传册和书籍等，以及从外面带进办公室的一些用品中都含有大量化学物质。此外，身边的同事可能会使用柔顺剂、护手霜，有人对这些香味过敏。

要点

- 申请坐在迎风处。
- 不舒服的时候，可以远离复印机。
- 感觉不舒服的话，可以找上司沟通，请求理解，也让周围的人知道你的情况。

原因：默默忍受不仅会增加你自己的压力，还会让情况更加恶化。

●穿长袖的衣服。

●戴口罩。

●找相关管理组织、健康诊所、消费者协会沟通。

复印机、电脑

经常切断OA（办公自动化）机器的电源

复印机、电脑等OA机器过热时会挥发化学物质，因此一定要经常切断电源。只要处于接入电源的状态，机器即使在待机时也会发热。对化学物质敏感的人，只要离复印机稍近就会感觉难受。

化学物品的相关从业者，都有义务提供关于化学物品的特性以及使用方法的SDS（化学物质等安全数据表）。很多大型企业都会在官方主页上公开这些信息，比如介绍使用材料、可能致病的物质、如何对应等。

使用打印机时产生的独特味道正是臭氧。臭氧是有害化学物质。此外，打印机调色剂中的化学物质也会挥发。

打印机有很多种类，很多人喜欢喷墨打印机。但有一些人对调色剂的微粒过敏，也有人对激光打印机中调色剂产生的微粒过敏。

要点

- 通过远程控制进行打印。
- 尽量不接近复印机、打印机。
- 使用新买的电脑时，要一边通风换气，一边接入电源，把挥发的化学物质吹走。
- 把复印机放在可以通风换气的位置。

杂志、书籍

收纳起来，想读书的时候再拿出来

虽然每本书的墨水和纸张种类不同，但所有印刷物品都会挥发化学物质。很多人对封面进行过抗菌加工的书籍和杂志过敏。

要点

- 拿进室内以前，要在室外通风。
- 读完后，不要把书堆在一起。
- 可以放在PE塑料袋中收纳。
- 晴朗时放到屋外通风、晾晒。

排出化学物质的好习惯

第三章

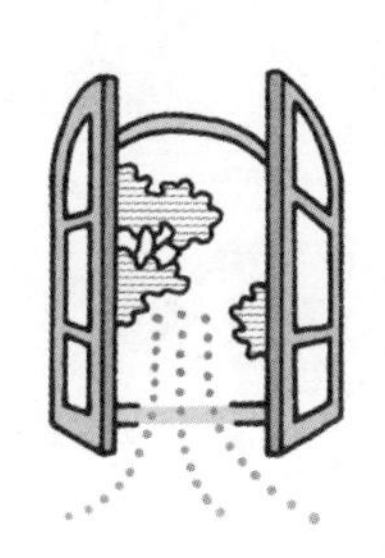

维生素A、β-胡萝卜素、番茄红素/B族维生素/维生素C/维生素D/维生素E/钙/镁/锌/硒/有氧运动/泡澡/睡眠/炖汤的秘诀

促进化学物质排出体外的生活习惯

维生素和矿物质可以促进体内有害物质的代谢、排出

我们通过饮食摄取的维生素和矿物质可以加速体内有害物质代谢、排出体外，同时去除体内氧化物。因此，既是为了美容与健康，同时也为了加速代谢，我们要尽量多摄取维生素和矿物质。

我们要尽量选择应季食材。因为大部分的反季节食材在培育过程中都使用了化肥，并且维生素和矿物质的含量也偏低。这些食材的营养价值也不高，因此不但不能帮助我们摄取更多营养，反而会让我们摄取更多化学物质。

食品添加剂妨碍身体吸收矿物质，加速矿物质流失

人体所必需的成分是碳水化合物、蛋白质、脂肪、维生素和矿物质。它们被称为五大营养素，是维持身体健康不可或缺的物质。

矿物质有100种以上，而我们身体必需的有16种。其中有7种是需求量较大的“主要矿物质”，还有9种是“微量矿物质”。

主要矿物质有钙、磷、镁、钾、钠、硫、氯。微量矿物质有铁、锌、铜、钴、钼、硒、锰、碘、铬。

目前，人们的矿物质均衡摄取成了一个大问题。其中一个原因是，耕种方法从有机耕种变为了化肥耕种，蔬菜中所含矿物质的总量比过去低了很多。此外，现在人们的肠胃不易吸收矿物质。这是因为人们吃了很多含有添加剂的食物，阻碍身体对矿物质的吸收。其中最有代表性的添加剂是磷酸盐。

磷酸盐在食品配料表上的体现为：磷酸盐、酸味剂、乳化剂、pH调节剂等。磷酸盐不仅会妨碍营养物质的吸收，还会加速矿物质的排出。所以，为了能让身体更好地吸收营养物质，尽量选择无添加的食物，避免食用加工食品。

加速代谢，化学物质通过汗液和尿液排出

想要提高化学物质的代谢率，就一定要提高身体的基础代谢。

多数化学物质经过体内的代谢过程后，会通过汗液或尿液排出。运动、泡澡、睡眠都能提高代谢率。

接下来会为大家介绍维生素和矿物质的有效摄取方法，提高代谢率，促进化学物质排出的生活习惯。

维生素A、β-胡萝卜素、番茄红素

消灭活性氧，摄取营养素

大部分污染物质都会产生活性氧，而活性氧正是导致我们抵抗力低下和细胞老化的主要因素。而维生素A、β-胡萝卜素、番茄红素是可以有效消灭这种活性氧的营养素。同时，它们还可以保护眼睛、皮肤和黏膜等化学物质容易入侵的部位。

- 多吃含有维生素A的肝、鳗鱼、乳制品（牛奶、黄油、芝士）等。
- 多吃含有β-胡萝卜素和番茄红素的洋葱、西红柿等黄绿色蔬菜、藻类等。

B族维生素

促进代谢、减缓症状

B族维生素包括维生素B_1、维生素B_2、维生素B_6、维生素B_{12}、烟酸、叶酸等8种，而这些统称为维生素B族。

我们的身体利用糖、脂肪、蛋白质提供能量，并合成身体所需物质。在这个过程中，酶起到了很大的作用，而B族维生素可以帮助酶更好地发挥作用。

B族维生素是维持身体健康必不可少的营养素，但是它并不会在体内累积，所以我们每天都要摄取一定量的B族维生素。

要点

● 多吃含有烟酸的青花鱼、鲑鱼、竹荚鱼、鲣鱼等鱼类，鸡肉、肝、香菇、酵母等。

原因：烟酸可以帮助燃烧体内储存的脂肪。

● 多吃含有维生素B_6的小麦胚芽、玄米、肉类和豆类。

原因：维生素B_6是保证蛋白质、脂肪正常代谢的重要营养素。它不仅可以保护皮肤和黏膜健康，还与多巴胺、血清素等神经递质相关，可以保证神经功能正常工作。同时，可以缓解过敏症状以及月经前不适症状、哮喘等。

● 多吃含有维生素B_{12}的鱼贝类和动物食品。

原因：维生素B_{12}可以去除活性氧产出的有害的过氧化氮。

● 此外，要均衡饮食，多吃富含维生素B_1的猪肉、富含维生素B_2的乳制品和鱼、富含叶酸的蔬菜和水果。

维生素C

去除活性氧、增强抵抗力

维生素C是胶原蛋白合成必不可少的营养素，同时也是维持皮肤、黏膜健康的营养素。它可以增强抵抗力，让我们远离疾病与压力。

要点

- 维生素C不能在体内合成，一定要通过饮食摄取。

原因：维生素C可以清除体内化学物质生成的活性氧，所以一定要摄取足够的量。此外，维生素C还可以改善白细胞功能，让其更好地参加免疫反应。

- 多吃柑橘类、草莓等水果，以及西蓝花、芹菜、菠菜、青椒、红薯等蔬菜。

要点

- 少吃一些温室栽培的菜。
- 要吃一些补品。

⚠ 注意如果一次摄取大量维生素C，可能造成胃部负担。

维生素D

促进钙的吸收

人体对钙的吸收率较低，因此一定要补充维生素D，进而促进钙的吸收。

要点

- 多吃沙丁鱼、秋刀鱼、鲑鱼等鱼类以及木耳、香菇等菌菇类食物。
- 每天至少晒15分钟太阳。

原因：晒太阳可以帮助体内合成维生素D。

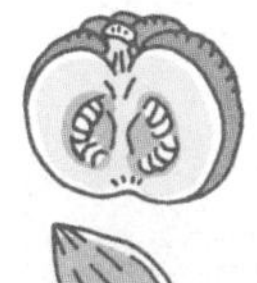

维生素E

防止老化

维生素E可以防止细胞老化，有抗氧化作用。

可以保护细胞膜、具有抗氧化作用的代表性营养素有维生素E、维生素C、维生素A，三者合称为“ACE”。

要点

- 多食用杏仁等坚果。
- 多摄取麦芽、牛油果、红薯、南瓜、黄绿色蔬菜菜叶部分以及鱼贝类等。
- 使用植物油。用植物油烹炒黄绿色蔬菜效果更佳。

钙

摄取乳制品，保护神经系统

钙对神经系统起到一定的帮助作用。如果钙含量异常，那么神经或激素会受到刺激，引起细胞异常，此时可以每天补充1～3g钙来缓解症状。

要点

●摄取富含钙的乳制品、小鱼、海藻、豆类、蔬菜等。

原因：钙的吸收率很低，只有20%～30%。钙是人们比较缺少的营养素，一定要有意识地多摄取。

⚠ 如果摄取过量的钙，也会引发健康问题，因此请适度摄取。

镁

通过和食[1]摄取镁

镁可以帮助舒缓神经和肌肉，如果缺镁，会导致肌肉无力、肌肉酸痛等症状。

- 摄取“卤水（氯化镁）”制作的豆腐、天然盐、荞麦面、贝壳类、落花生、杏仁、海藻、蔬菜等。
- 做饭时可以加几滴液态卤水。

⚠ 如果补充过多的镁，会导致拉肚子等症状。

[1] 和食，指日本料理，讲究食材自然，烹饪方法重视季节时令变化。

锌

缺锌会导致味觉障碍，要与维生素C一起摄取

缺锌会导致味觉障碍、贫血、食欲不振、皮肤炎症、生育力低下、免疫力低下等症状。

人体不会自己生产锌，要通过饮食摄取。

锌可以防止体内脂肪氧化，此外，还能促进体内维生素A的代谢。锌可以加强维生素A的抗氧化作用，辅助维生素A保护黏膜健康。攻击细菌的白细胞中也包含锌，所以一些专家认为锌也可以提高免疫力。

要点

●摄取富含锌的猪肝、牛肉、鸡肉、牡蛎、扇贝、蛏子、虾等鱼贝类；杏仁、榛子等坚果和芝麻等。

原因：加工食品中的食品添加剂会妨碍锌的吸收。近年来，患有味觉障碍的年轻人越来越多，专家认为这是因为年轻人普遍饮食不规律，继而缺锌，导致这样的结果。

⚠ 注意不要只吃某几种食物。

●同时摄取维生素C。

原因：锌的吸收率只有30%，但和维生素C一起摄取，锌的吸收率会有所提高。

●吃含锌的食物时，搭配柠檬或柑橘。

硒

可以帮助缓和不适症状，增强人体功能

硒是极少的微量元素之一。硒有抗氧化作用，可以防止细胞氧化受损。此外，硒还能修复DNA，影响免疫系统和内分泌系统，也可以增强身体机能。

如果身体缺硒，可能会出现心肌疾病、关节疾病等。相反，如果过量摄取硒，可能会出现硒中毒，比如指甲变形、脱发等。

要点

●摄取富含硒的食物，如牡蛎、沙丁鱼等鱼贝类，肉类、鸡蛋、萝卜、葱、洋葱等。

原因：硒有解毒效果，可以作用于体内有害物质，调整月经，有助于生殖系统健康，缓解更年期症状等。

●以和食为主。

原因：过去日本人的身体并不缺少硒元素，可随着在外就餐次数增多、摄取过多加工副食，现在大部分日本人体内都缺少硒元素。

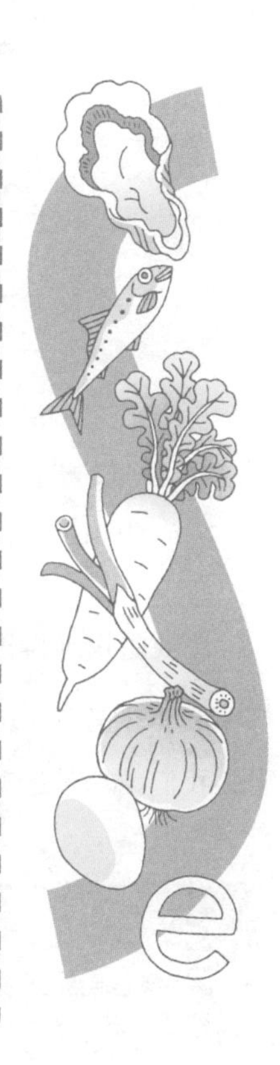

有氧运动

矫正姿势、增强代谢

想要更快地排出体内堆积的化学物质，就要提高自身的基础代谢。很多化学物质通过体内的代谢过程，最终变成汗或尿排出。我们要尽量运动起来，让身体多出汗。

要点

●首先矫正姿势。

原因：驼背会让肌肉处于不平衡的状态。

●在日常生活中，要时常注意挺直腰背。

原因：矫正姿势可以让血液循环更好，提高基础代谢。

●每天走20～30分钟。

⚠ 最好一周三次快速走，达到出汗的效果。

要点

● 洗澡后，趁着体温较高时，缓慢旋转脖子、伸展手臂等。

原因：这样可以让颈部和肩膀的血液流通更好。

⚠ 拉伸时以舒服为准，不要让自己感觉疼痛。

泡澡

舒适地泡澡，缓慢地排出化学物质

泡澡也是一个有效帮助化学物质排出体外的方法，因为化学物质可以随着汗液一起排出。蒸桑拿和泡温泉也可以出汗，只是在进入高温桑拿时身体突然变热，身体排出的汗液中只有水分。想要有效排毒，一定注意要在低温状态下缓慢地一边燃烧脂肪一边出汗。这样才能更有效率地排出身体内的有害物质。

要点

- 选择蒸汽桑拿或雾蒸桑拿这种60～70摄氏度以下的低温桑拿。可以蒸一会儿，出去歇一会儿，反复交替，使用时间最好控制在2小时。

⚠ 不推荐心脏病、高血压、动脉瘤患者等身体不适的人蒸桑拿。

要点

●在水温适宜的浴缸中长时间泡澡。

⚠ 自来水中有三氯甲烷，如果对这个味道感到不适，可以放好水后静置一会儿再使用，或安装净水器，在浴缸中放备长炭。

●享受富含矿物质的天然温泉。

原因：心情舒适，可以缓解压力。

⚠ 桧木温泉比较容易被人们忽视。这种温泉很香，有大自然的味道，但也有人对它过敏，如果你出现症状一定要停止使用。

睡眠

进行腹式呼吸，减轻压力

精神压力不但会给免疫系统和神经系统造成负担，引发各种各样的疾病，还会消耗更多维生素C，所以我们一定要先尽量减小压力。

患有化学物质过敏症的人更需要注意，因为多数患者因为压力较大出现自立神经功能异常。

负责调节生物钟的激素——褪黑素十分重要。褪黑素可以促进睡眠，褪黑素的原材料是一种叫作血清素的激素。

想要提高睡眠质量，一定要按照以下要点来做。

要点

- 作息要规律。
- 不要熬夜。
- 早上晒太阳可以促进血清素的分泌。

原因：血清素也叫幸福激素，在人感到幸福快乐时，身体就会释放该激素。

- 进行腹式呼吸。1.肩部放松，手放在肚子上；2.大口吸气，直到充满肺部，再从嘴中慢慢呼出；3.完全呼气后，再用鼻子大力吸气。

⚠ 在做腹式呼吸时，要用手感受到肚子鼓起、凹陷的变化。

炖汤的秘诀

把材料弄成粉状倒入水里就变成高汤

食用天然高汤，并有意识地补充矿物质，可以促进体内尽快排出化学物质。

要点

1.用小鱼干和海带就可以制成汤汁。制作时加入一些醋，可让矿物质更易溶解。

2.利用“海带水”。把海带和水放在玻璃瓶中，在冰箱里放置一晚即可。在煮食物和做味噌汤时即可加入。

3.使用“鱼干粉”。小鱼干去头后用平底锅炒一下，然后用搅碎机搅成粉状。鱼干粉倒入水里可以做味噌汤或者成为煮其他食物的汤汁，也可以直接撒在饭菜上食用，营养非常丰富。

图书在版编目（CIP）数据

家的防护 /（日）坂部贡著 ； 郝彤彤译 . -- 北京 ：北京时代华文书局， 2021.7
ISBN 978-7-5699-4213-2

Ⅰ. ①家… Ⅱ. ①坂… ②郝… Ⅲ. ①化学物质－防护－基本知识 Ⅳ. ① 06-01

中国版本图书馆 CIP 数据核字（2021）第 104623 号

北京市版权局著作权合同登记号 图字：01-2020-3052

家的防护
JIA DE FANGHU

著　　者 | ［日］坂部贡
译　　者 | 郝彤彤

出 版 人 | 陈　涛
选题策划 | 邢　楠
责任编辑 | 邢　楠
责任校对 | 张彦翔
装帧设计 | 孙丽莉　段文辉
协　　助 | ［日］吉田由美子
责任印制 | 訾　敬

出版发行 | 北京时代华文书局 http://www.bjsdsj.com.cn
北京市东城区安定门外大街 138 号皇城国际大厦 A 座 8 楼
邮编：100011　电话：010－64267955　64267677
印　　刷 | 河北京平诚乾印刷有限公司　010－60247905
（如发现印装质量问题，请与印刷厂联系调换）
开　　本 | 880mm×1230mm　1/32　印　　张 | 5　字　　数 | 101 千字
版　　次 | 2021 年 8 月第 1 版　印　　次 | 2021 年 8 月第 1 次印刷
书　　号 | ISBN 978-7-5699-4213-2
定　　价 | 42.00 元